AF119046

BEI GRIN MACHT SICH IHR
WISSEN BEZAHLT

- Wir veröffentlichen Ihre Hausarbeit,
  Bachelor- und Masterarbeit

- Ihr eigenes eBook und Buch -
  weltweit in allen wichtigen Shops

- Verdienen Sie an jedem Verkauf

Jetzt bei www.GRIN.com hochladen
und kostenlos publizieren

Joerg Geuting

Küstenformen Irlands

GRIN Verlag

Bibliografische Information der Deutschen Nationalbibliothek:

Die Deutsche Bibliothek verzeichnet diese Publikation in der Deutschen National-
bibliografie; detaillierte bibliografische Daten sind im Internet über http://dnb.d-
nb.de/ abrufbar.

Impressum:

Copyright © 2004 GRIN Verlag GmbH
Druck und Bindung: Books on Demand GmbH, Norderstedt Germany
ISBN: 978-3-640-84354-1

Dieses Buch bei GRIN:

http://www.grin.com/de/e-book/49169/kuestenformen-irlands

GRIN - Your knowledge has value

Der GRIN Verlag publiziert seit 1998 wissenschaftliche Arbeiten von Studenten, Hochschullehrern und anderen Akademikern als eBook und gedrucktes Buch. Die Verlagswebsite www.grin.com ist die ideale Plattform zur Veröffentlichung von Hausarbeiten, Abschlussarbeiten, wissenschaftlichen Aufsätzen, Dissertationen und Fachbüchern.

Besuchen Sie uns im Internet:

http://www.grin.com/

http://www.facebook.com/grincom

http://www.twitter.com/grin_com

Westfälische Wilhelms-Universität
Institut für Geographie
Seminar: Irland

Semester: SoSe 2004
Datum: 28.06. 2004

Küstenformen Irlands

Joerg Geuting

Inhaltsverzeichnis

Abbildungsverzeichnis:

Einleitung:

Ziel dieser Arbeit ist es, die überaus artenreichen Küstenformationen Irlands einmal zusammenfassend darzustellen. Außerdem sollen wesentliche Unterschiede der Küstenformen aufgezeigt werden sowie auf deren Entstehungsgeschichte eingegangen werden. Da die Küstenformen in sich noch sehr differenziert sind, kann das volle Spektrum nicht erfasst werden, aber dennoch sollen die hauptsächlichen Formen, sowie Besonderheiten der Irischen Küste dargestellt werden. Die Analyse der verschiedenen Küstenformen wird einer „Rundreise" entlang der Küste gleichen, das heißt, dass ich versuchen werde keine oder kaum Lücken zu lassen.

1. Allgemeine Informationen zur Insel Irland:

Die Insel Irland liegt im äußersten Westen Europas und erstreckt sich ungefähr bis 12° Östlicher Länge. Die maximale West-Ost-Ausdehnung beträgt circa 275 Kilometer und die maximale Nord-Süd-Ausdehnung circa 450 Kilometer. Begrenzt wird Irland im Westen durch den

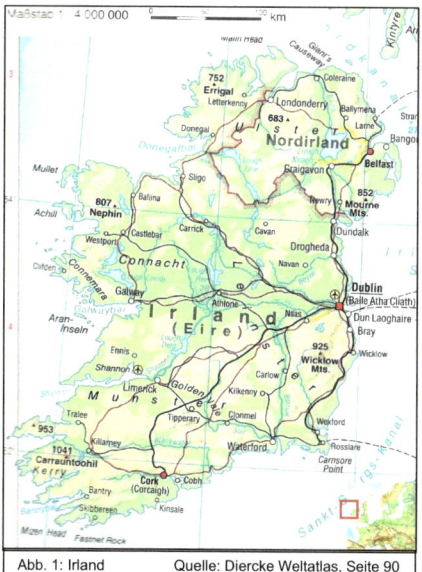

Abb. 1: Irland   Quelle: Diercke Weltatlas, Seite 90

Atlantik, im Norden durch den *Nordkanal*, im Osten durch die *Irische See*, sowie den *St.-Georgs-Kanal* und schließlich im Süden durch die *Keltische See*.

Insgesamt hat Irland eine Küstenlinie von 3200 Kilometern Länge, die vor allem im Westen sehr zerklüftet ist und mit Meeresarmen durchzogen ist, die weit ins Landesinnere hineinreichen. Außerdem stehen die Küsten Irlands unter dem Einfluss der Gezeiten. Insgesamt kann man sagen, dass die Küsten Irlands ein enormes Formenreichtum aufweisen, welches grob in zwei grobe Klassen unterteilt werden kann. Zum einen wären das die felsigen *„Steilküsten* des Atlantiks und des Nordkanals", und zum anderen die

„Kliffreihen der Irischen See und des St.-Georgs-Kanals", welche aus *Geschiebelehmen* bestehen. Bei genauerer Betrachtung lassen sich aber noch andere wesentliche Unterschiede nachweisen (Jäger 1990, Seite 11).

2. Die verschiedenen Küsten Irlands

2.1.Die Ostküste Irlands:

Um die Formation der irischen Ostküste zu erklären soll zunächst die Küstenform der *Kliff-küste* erklärt werden (siehe Abb. 2 und 3). Kliffs werden durch marine Abrasion geschaffen.

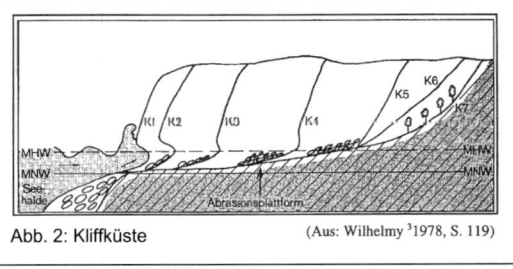

Abb. 2: Kliffküste   (Aus: Wilhelmy [3]1978, S. 119)

Das heißt, dass der Wellendruck, der auf das, an der Küste gelegene, Material einwirkt, die Küste zum Landesinneren abträgt. Dabei wirken die Wellen auf das anstehende Gestein ein und bilden eine *Bran-*

dungshohlkehle. Dieser Vorgang wird durch das, in der Brandung mitgeführte Material (Sand, kleine Steine) verstärkt. Das Wasser kann in die kleinsten Klüfte der Küste eindringen, was mit der Wirkung eines Presslufthammers verglichen werden kann. Durch die Bildung einer Brandungshohlkehle kommt es dazu, dass das darüber liegende Material vom Hang abbrechen oder abrutschen kann und sich dieses Material auf der so genannten *See-*

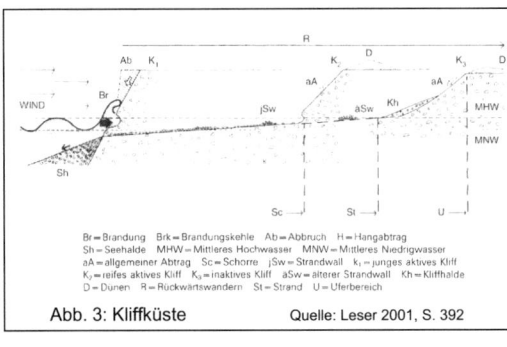

Abb. 3: Kliffküste   Quelle: Leser 2001, S. 392

halde (siehe Sh in Abb. 3)ablagert. Dieses Material dient der Brandung für die erneute Bildung einer Brandungshohlkehle. Bei Stürmen entwickeln die Wellen einen Druck von 30 Tonnen pro Quadratmeter (Goudie 2002, S. 284). Daran wird deutlich welche enorme Kraft hinter dieser

Erosionsform steckt. Bei anhaltender *Abrasion* kommt es zur Ausbildung einer *Abrasionsplattform* (siehe Abb. 2), über die die Brandung zunächst laufen muss um auf das Kliff einzuwirken. Im Laufe der Küstenbildung wird diese Abrasionsplattform immer länger und reduziert die Energie der Wellen immer mehr. Bis schließlich die Wellen das Kliff nicht mehr erreichen und es zum Stillstand der Küstenbildung kommt. In diesem Falle sprechen wir von einem *„Inaktiven"* oder *„Toten Kliff"* (siehe K_3 in Abb. 3). Wie schnell es zur Ausbildung von „Toten Kliffs" kommt hängt vom Material der Küste ab und von der Energie der Wellen, die auf die Küste treffen(Leser 2001, Seite 392).

In Irland befinden sich sowohl an der Ostküste als auch an der Westküste Kliffs, welche sich aber aufgrund des Untergrundmaterials deutlich unterscheiden.

An der Ostküste findet man vor allem *niedrige Kliffküsten*. Die randlichen Kliffs des *Belfast Lough* im östlichen Nordirland bestehen aus weichen Geschiebelehmen und sind somit in der Küstenbildung schon weit fortgeschritten (Jäger 1990, S. 11). Hierbei handelt es um Sedimente, die vom Gletscher zusammengepresst wurden, und leicht vom Meer erodiert werden konnten. Es handelt sich hierbei um tote Kliffs, die schon vor langer Zeit erodiert wurden. Die ehemalige Abrasionsplattform wird heute besiedelt.

Abb. 4: Drumlins im Strangford Lough
Quelle:
http://www.nationaltrust.org.uk/environm
ent/html/features/papers/islands06.htm

Auch am davon südlich liegenden *Strangford Lough* besteht die Küste aus ehemalig aktiven Kliffs, die schon weit aberodiert wurden. Die Besonderheit am Strangford Lough sind die, der Küste vorgelagerten *Drumlins* (siehe Abb. 4). Hierbei handelt es sich um, vom Gletscher tropfenförmig zusammengepresstes, Material von ehemaligen Grundmoränen (Leser 2001, S. 150). Hier befindet sich die östliche Seite des so genannten „Drumlin-Belt", der von hier bis zur Westküste Irlands verläuft. Neben den Drumlins findet man in der Bucht des Strangford Lough auch die so genannten „*pladdies*". Dabei handelt es sich um ehemalige Drumlins, die durch die Meeresströmung zerstört wurden. Das Lockermaterial (Sande und feinerer Kies) wurde von den Wellen und der Meeresströmung abgetragen, und nur noch die Steine und Grobkiese blieben zurück. Bei Niedrigwasser fallen diese „pladdies" trocken und werden sichtbar (Jäger 1990, Seite 11).

Auch die restliche Ostküste besteht zum größten Teil aus niedrigen Kliffküsten. Zum Teil haben sich auch *Dünenreihen* aufgeweht (siehe D in Abb. 3). Durch den Aufwind an der Küste wurde das Feinmaterial von weit fortgeschrittenen Kliffküsten aufgeweht und an der Spitze des Kliffs abgelagert. Aber auch der fallende Meeresspiegel aufgrund der Gezeiten legt Feinmaterial frei, das durch den Wind aufgehäuft wird. Große Dünen findet man vor allem an windzugewandten Seiten (Goudie 2002, S. 281). Die Kliffe werden vor allem an Flussmündungen (Fane, Boyne, Liffey, Slaney) durch Schlick-, Sand- und Kiesstrände durchbrochen (Jäger 1990, Seite 12).

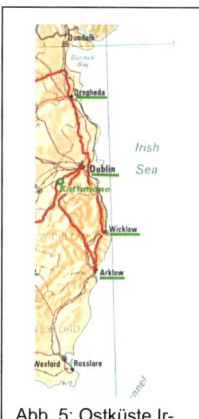

Abb. 5: Ostküste Irlands
Quelle:
http://www.globaldefence.ne
t/karten/irland.jpg

Da es sich bei der Ostküste um vorwiegend weiche Geschiebelehme handelt, konnte hier die Küste außerordentlich schnell zurückverlagert werden. Durchschnittlich beträgt die Abrasion 30 Zentimeter pro Jahr. Doch das hundertjährige Mittel (1,6 Meter pro Jahr) deutet darauf hin, dass die marine Abrasion mal bedeutend größer war. Aufgrund der Abrasion mussten teilweise auch Straßen und Fußwege verlagert werden, die nahe der Küste verliefen (Jäger 1990, Seite 12). Denn bei einem Kliff mit lockerem Material wirkt die marine Abrasion am Fuße des Kliffs. Durch Rutsch- und Gleitvorgänge wird die Kliffwand abgetragen und durch die Brandungswellen weiter verfrachtet (Blume 1991, S. 124).

2.2. Die Südküste Irlands:

Die Südküste Irlands wird durch andere Küstenformen bestimmt. An der Südküste des Couties Wexford herrscht vor allem die Form der *Ausgleichsküste* (siehe Abb. 5) vor. Diese Küstenform kennzeichnet sich durch eine sehr buchtenarme Gestalt, die auf die küstenparallelen Sedimentbewegungen zurückzuführen ist. Vorraussetzung für

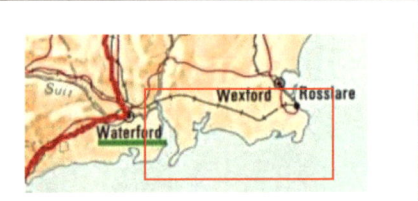

Abb. 6 Südküste Irlands, County Wexford
Quelle:
http://www.globaldefence.net/karten/irland.jpg

eine Ausgleichsküste ist eine schräg auf die Küste treffende Strömung (Leser 2001, S. 55, 56). Dadurch werden die Lockersedimente der ehemaligen Kliffs verlagert und es kommt zur Ausbildung von *Haken* und *Nehrungen*. Ein Haken entsteht, wenn sich das Lockermaterial an irgendeinem Küstenvorsprung akkumuliert und weiter fortbildet, so dass sich eine lange schmale Landzunge bildet.. Bei völligem Abschluss eines Sees (Haff) vom Meer spricht man von einer Nehrung (Blume 1999, S. 120).

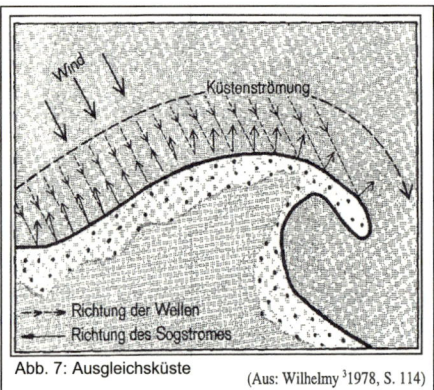

Abb. 7: Ausgleichsküste   (Aus: Wilhelmy [3]1978, S. 114)

Diese Form der Küstenbildung (Ausgleichsküste) ist in Irland deutlich jünger. Beim Vergleich der heutigen Küstenstruktur mit historischen Karten aus dem 18. und 19. Jahrhundert wird deutlich, dass sich früher die Südküste Wexfords anders gestaltete. Diese Küstenform ist auf das County Wexford beschränkt. An den anderen Teilen der Südküste findet man wieder andere Küstenformationen (Jäger 1990, S. 12).

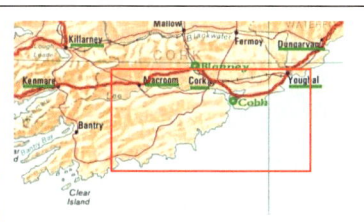

Abb. 8: Südküste Irlands: Ridge and Valley Region
Quelle:
http://www.globaldefence.net/karten/irland.jpg

Der Teil der Südküste zwischen der Stadt *Dungarvan* und dem *Cape Clear* nahe der südwestlichen Spitze Irlands (Mizen Head), wird auch als *„Ridge and Valley-Region"* bezeichnet. Durch die Kollision der beiden Urkontinente Gondwana und Laurasia, vor rund 300 Mio. Jahren, faltete sich ein 500 Kilometer breites Gebirge auf. Diese *Variskische Gebirgsfaltung* (siehe Abb. 9) ist auch für die Auffaltung des Reliefs in Südirland verantwortlich. Deshalb wechseln sich in dieser Region Talungen und Höhenzüge ab. Aufgrund dieser tektonischen Streichrichtung, von Westen nach Osten, gestaltet sich das Küstenbild abwechslungsreich. Denn je nach dem, ob die Küste auf einen Höhenzug oder eine Talung trifft, kommt es zur Ausbildung von *Flachküsten* (Youghal Bay, Ballycotton Bay) mit zum Teil Sandstränden oder Felsküsten mit bis zu 20 Meter hohen *Klippen* oder *Kaps* (Old Head of Kinsale) (Jäger 1990, Seite 12).

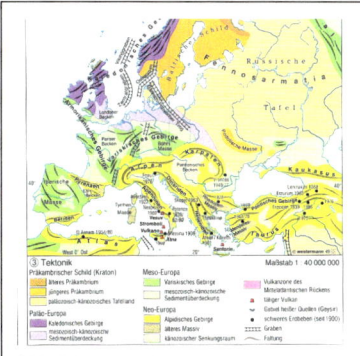

Abb. 9: Tektonik Europas
(Quelle: Diercke Weltatlas, Seite 115)

2.3. Die Westküste:

Die Westküste der Counties Cork und Kerry ist sehr strukturiert und buchtenreich. Die hohe Reliefenergie wird bei Anbetracht von Satellitenaufnahmen besonders deutlich (siehe Abb. 10). Südlich der *Dingle Bay* befindet sich mit dem *Carrauntoohill* (1041 Meter) die höchste Erhebung in Irland. Bei der Westküste der beiden Counties handelt es sich um den Typ der *Riasküste*.

Die Merkmale sind die länglich, meist parallel verlaufenden Buchten (= Rias),die sehr weit ins Land hineinreichen (Leser 2001, Seite 707-708). Zur Ausbildung der Rias (Dingle Bay, Kenmare River, Bantry Bay, Dunmanus Bay, Roaring Water Bay) kann man sagen, dass diese Region durch die variskische Streichrichtung gekennzeichnet ist, und die Rias der Streichrichtung folgen. Bei den Rias handelt es sich um ehemalige Flusstäler, die aufgrund des *eustatischen Meeresspie-*

Abb. 10: Satellitenbild der SW-Küste Irlands
Quelle: http://eol.jsc.nasa.gov/sseop/clickmap/

*gelanstieg*s überflutet wurden. Die Gletscher der Eiszeit haben einen sehr großen Teil des Wassers gebunden. Nach dem Abschmelzen der Gletscher kam es zu einem Meeresspiegelanstieg von etwa 100 Metern und damit zur Überflutung der Flusstäler. Im Bereich der Riasküste kommt es zu einer starken Abrasion, da hier häufig Südweststürme des Atlantiks vorherrschen, die mit ihrer mächtigen Energie zu einer weiteren Zerklüftung und Zerstörung der Küste führen (Jäger 1990, Seite 13).

Nördlich des *Shannon Rivers* erhebt sich ein Kalkplateau, welches senkrecht an der Westküste steil ins Meer fällt. An den *Cliffs of Moher*, eine Kliffreihe von 8km Länge, erreichen die Klipp en eine Höhe von bis zu 200 Metern (siehe Abb. 11). Bei dieser Küstenform handelt es sich um eine aktive Kliffküste mit Steilklippen, die senkrecht ins Meer fallen (Jäger 1990, Seite 14). Warum hier noch aktive Kliffs vorherrschen, obwohl die Energie des Atlantiks doch deutlich höher ist als die der Irischen See an der Ostküste, lässt sich durch den Untergrund erklären. Die Gebirgsbildung an der Westküste ist auf die *kaledonische Gebirgsbildung* zurückzuführen, dessen Streichrichtung von WSW nach ONO verläuft (siehe Abb. 9). Die Abtragung konnte hier nicht soweit fortschreiten, weil das Kliff aus widerstandsfähigerem Gestein besteht. Der Sockel der Cliffs of Moher bestehen aus *karbonischem Kalkstein*, und der

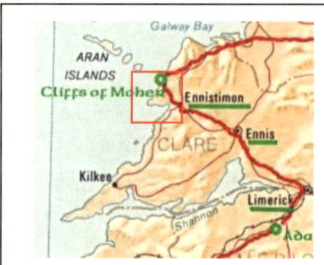 

Abb. 11: Cliffs of Moher
Quelle:
http://www.globaldefence.net/karten/irland.jpg, http://www.golfplus.ie/images/cliffs-moher.jpg

obere Teil aus geringmächtigen *Kalksteinlagen* mit wechselnden *Schiefern* (Blume 1991, Seite 123). Durch die schwere Zersetzbarkeit dieses Materials ist dieses Kliff noch nicht soweit abgetragen und ist daher noch aktiv.

Die Besonderheit bei der *Galway Bay* ist der nahezu gerade west-östliche Verlauf der Nordküste, welche aus Granit besteht. Dieser gerade Verlauf kann durch eine geologische Strukturlinie erklärt werden, die genau dort verläuft (Jäger 1990, S. 14).

Der *Killary Harbour* ist der einzige *Fjord* Irlands. Er ist zwar nicht mit den norwegischen Exemplaren zu vergleichen, doch besitzt er alle morphogenetischen Eigenschaften eines Fjordes. Der Meeresarm reicht bis zu 15 Kilometern ins Land hinein und hat eine Breite von 600 Metern. Begrenzt wird er durch 400 bis 800 Meter hohe Bergwände. Er folgt auch einer Verwerfung, die aber glazial übertieft wurde und über, die für Gletscher typische, untermeerische Kuppe zum Meer hin verfügt (Jäger 1990, S. 15).

Die *Clew Bay* an der Westküste des County Mayo bildet die westliche Begrenzung des *„Drumlin-Belts“*. Man findet vor allem im Osten der Bucht viele Drumlins, die vom Donegal Eis in nordost-südwestlicher Richtung glazial überformt wurden (Jäger 1990, S.15). Die zum Teil bewachsenen Drumlins liegen ständig über dem Meeresspiegel, doch auch unter Wasser findet man viele dieser glazialen Relikte.

Abb. 12: Drumlins in der Clew Bay
Quelle:
http://www.michaelhdaniels.com/itkbg.jpg

2.4. Die Nordküste:

Zwischen *Bloody Foreland* und dem *Kap Malin Head* befinden sich kaum hohe Klippen, doch auch dieser Küstenabschnitt ist mit vielen Buchten und Meeresarmen durchzogen, die in kaledonischer Streichrichtung verlaufen. Auch hier wurden die Meeresarme vom eustatischen Meeresspiegelanstieg postglazial überflutet (Jäger 1990, S. 16). Eigentlich hat diese Küstenform sehr viel Ähnlichkeit mit der Riasküste im Südwesten.

Abb. 13. Strandverlagerung an der Nordküste Irlands
Quelle:
http://www.emu.edu/crosscultural/irelandfa2001/images/large/journal3/sept16_malinhead.jpg

Doch handelt es sich hierbei nicht um diesen Typus. Denn für den Typ einer Riasküste ist die Küste hier nicht ausreichend reliefreich. Auch verlaufen die Meeresarme hier nicht alle parallel und soweit ins Land, wie es im Südwesten der Fall ist. Außerdem handelt es sich im Norden Irlands um gehobene Küsten. Während der Eiszeit war die Vereisung in Nordirland am mächtigsten. Das Land wurde durch diesen immensen Druck, der durch die Eismassen auf den Untergrund ausgeübt wurde, herabgesenkt. Nach dem Abschmelzen der Eismassen kam es zu einer enormen Druckentlastung und das Land erhob sich langsam wieder (*isostatische Hebung*). Das Ausmaß und die Geschwindigkeit der isostatischen Veränderungen sind Abhängig vom Volumen des Eiskörpers der über dem Land lag. In Irland war das Volumen weit aus geringer als in Skandinavien (Eisdicke von bis zu 4000m), wo heute immer noch Hebungsraten von einem Zentimeter pro Jahr nachgewiesen werden (Goudie 2002, S. 132, 133).

Besonders deutlich wird die isostatische Hebung am *Kap Malin Head*, dem nördlichsten Punkt Irlands. Hier wurde die Küste, postglazial, am deutlichsten gehoben und dies lässt sich auch heute noch in der Landschaft anhand von Verlagerten Küstenlinien nachweisen. Die Klippen am Kap weisen eine Struktur auf, die darauf schließen lässt, dass die Brandung auf das Gestein in höheren Lagen eingewirkt hat. Aufgrund des harten Gesteins (*präkambrische Quarzite*) wurde die Küste nicht so weit aberodiert. Außerdem lässt sich an der Küste eine Terrassenstruktur erkennen, die der Beweis dafür ist, dass der Strand mal deutlich höher gelegen haben muss (siehe Abb. 13).

Abb. 14 Giants Causeway und Besaltkliff von Benbane

Quelle:
http://www.uaces.org/Giants%20Causeway%203.jpg

Der *Giants Causeway* bildet die außergewöhnlichste Küstenform Irlands. Hier stehen circa 37.000 senkrechte hexagonalförmige Basaltsäulen (siehe Abb. 14). Sie werden zum Meer hin zu einer Ebene erodiert. Landeinwärts, am *Basaltkliff der Benbane*, erreichen sie eine Höhe von über 160 Metern. Über dieses Phänomen existieren sehr viele Legenden. Die wohl Berühmteste ist die, dass der Riese Fionn McCumhaill (Finn MC Cool) eine Brücke bauen wollte, um zu seiner Geliebten in Schottland zu gelangen (http://www.irlandbilder.de/rundgang/n_causeway.htm). Wissenschaftlich ist dieses Phänomen aber leicht zu erklären. Vor circa 60 Millionen Jahren gab es vor der Nordküste Irlands eine untermeerische vulkanische Eruption. Dadurch wurde Lava freigesetzt, die sich unter Wasser langsam abkühlen konnte.

Durch dieses langsame Abkühlen der Lava ordneten sich die Bestandteile der Lava so an, dass diese hexagonalförmigen Säulen entstehen konnten. Auch an diesen Basaltsäulen lässt sich die gehobene Küste nachweisen. Denn die Spuren der ehemaligen Brandung kann man in einer Höhe von 30 Metern noch aufzeigen (Jäger 1990, Seite 16).

Auch an der Steilküste im Nordosten, wo das Basaltplateau der *„Antrim Mountains"* am *Fair Head* und am *Garron Point* ins Meer fällt, werden Höhen von bis zu 200 Metern erreicht. Am Garron Point wird das Basaltplateau von einer Kreidekalkschicht unterlagert. Die Instabilität dieser Schicht bedroht die Küstenstraße in diesem Bereich durch herunterfallende Felsen (Jäger 1990, S. 16,17).

3. Fazit:

Nach genauerer Betrachtung kann man sagen, dass die grobe Einteilung in „Steilküsten des Atlantiks und des Nordkanals" und „Kliffreihen der Irischen See und des St.-Georgs-Kanals" die Küstenformen Irlands nicht ausreichend beschreiben oder erfassen. Der Formenreichtum der irischen Küsten ist weit aus differenzierter. Außerdem kann man festhalten, dass die Entstehung der Küstenformen auf verschiedene erdzeitgeschichtliche Epochen zurückgeht.

Die Küstenbildung wurde glazial geprägt, wie es am Beispiel des Strangford Lough und der Clew Bay deutlich wurde. Hier wird das Küstenbild vorwiegend durch die Drumlins geprägt, die während der Eiszeit vom Gletscher gebildet wurden. Die Entstehung des Killary Harbour, der einzige Fjord Irlands, ist auf die glazialen Einflüsse zurückzuführen.
Postglaziale Küstenbildung findet man an der Südwestküste der Counties Cork und Kerry. Die vorherrschende Küstenform der Riasküste ist eindeutig auf den eustatischen Meeresspiegelanstieg zurückzuführen, der Folge der abschmelzenden Gletscher war. Aber auch an der Nordküste macht sich die postglaziale Küstenbildung bemerkbar. Durch isostatische Hebungsvorgänge bildet sich hier die Küstenform der gehobenen Küsten, welche an manchen Stellen eindeutig nachzuweisen ist.
Tektonische Vorgänge haben die Küsten Irlands zu einem großen Teil geprägt. Die variskische Faltung beeinflusste vor allem die Küstenform der Südküste. In dieser „Ridge and Valley-Region" wechselt die Küstenform zwischen Flachküsten sowie Küsten mit höheren Klippen. Je nachdem ob die Küste auf einen Höhenzug oder eine Talung trifft. Aber auch die kaledonische Gebirgsfaltung macht ihren Einfluss an der West- und Nordküste bemerkbar.
Die vulkanischen Einflüsse sind zwar nur auf den Giants Causeway beschränkt. Doch sie bilden eine der imposanten Küstenformen in Irland, die so nirgendwo auf der Erde zu finden ist. Deutlich jüngere Küstenbildung in Form der Ausgleichsküste findet man an der Südküste des County Wexford.

Zusammenfassend lässt sich sagen, dass die Küstenformationen Irland ein sehr abwechslungsreiches Landschaftsbild bieten und somit zur landschaftlichen Attraktivität der Insel beitragen. Denn für viele Touristen ist die landschaftliche Attraktivität der Hauptgrund für einen Urlaub in Irland.

4. Quellenverzeichnis

BLUME, H. (1991): „Das Relief der Erde – Ein Bildatlas", 2. durchges. Aufl., 140 S. Ferdinand Enke Verlag Stuttgart, ISBN 3-432-99241-6.

DIERCKE Weltatlas (2002): 5. aktualisierte Auflage, Carl Diercke (Hg.), Westermann Verlag, Braunschweig, ISBN 3-141-00600-8.

GOUDIE, A. (2002): „Physische Geographie – Eine Einführung", Lorenz King und Elisabeth Schmitt (Hg.), Aus dem Englischen Übersetzt von Jürg Rohner und Peter Wittmann, 4 Auflage, Spektrum Akademischer Verlag, Heidelberg, Berlin, ISBN 3-8274-1202-1

JÄGER, H. (1990): „Irland. Eine geographische Landeskunde". In: Wissenschaftliche Länderkunden, Band 34, Darmstadt, ISBN 3-534-07619-2.

LESER, H. (2001): „Diercke Wörterbuch Allgemeine Geographie". 12. Auflage, Paderborn, Westermann, Dtv –Verlag, ISBN 3-423-03421-1.

WILHELMY, H. (1978): „Geomorphologie in Stichworten – Band 3: Exogene Morphodynamik. Karstmorphologie, glazialer Formenschatz, Küstenformen", Hirt Verlag, Zug, ISBN 3-266-03066-4.

Internetquellen:

NASA: „The Gateway to Astronaut Photography of Earth"
http://eol.jsc.nasa.gov/sseop/clickmap/, aufgerufen am 14.06.2004

Globaldefence.net: „Das Netzwerk für Politik, Militär und Hintergründe"
http://www.globaldefence.net/karten/irland.jpg, aufgerufen am 14.06.2004

The National Trust
http://www.nationaltrust.org.uk/environment/html/features/papers/islands06.htm, aufgerufen am 28.06.2004

UACES – Universtiy Association for Contemporary European Studies

http://www.uaces.org/Giants%20Causeway%203.jpg, aufgerufen am 28.06. 2004

Images of Ireland

http://www.irlandbilder.de/rundgang/n_causeway.htm, aufgerufen am 21.10. 2004

Golf Ireland Plus

http://www.golfplus.ie/images/cliffs-moher.jpg , aufgerufen am 21.04.2004

Private Seite

http://www.michaelhdaniels.com/itkbg.jpg, aufgerufen am 21.10. 2004

Eastern Mennonite University

http://www.emu.edu/crosscultural/irelandfa2001/images/large/journal3/sept16_malinhead.jpg
, aufgerufen am 21.04. 2004